U0390633

电子电工实验指导

主　编　袁　伟
副主编　鲁　娜　傅洪波　魏悦姿
　　　　张秀梅　袁伟凡

上海财经大学出版社

图书在版编目(CIP)数据

电子电工实验指导/袁伟主编 . —上海:上海财经大学出版社,
2018.7
ISBN 978-7-5642-2988-7/F · 2988

Ⅰ.①电… Ⅱ.①袁… Ⅲ.①电子技术-实验-高等学校-教材②电
工技术-实验-高等学校-教材
Ⅳ.①TN-33②TM-33

中国版本图书馆 CIP 数据核字(2018)第 068975 号

□ 责任编辑 徐 超
□ 联系信箱 1050102606@qq.com
□ 封面设计 张克瑶

DIANZI DIANGONG SHIYAN ZHIDAO
电 子 电 工 实 验 指 导

主 编 袁 伟

副主编 鲁 娜 傅洪波 魏悦姿

张秀梅 袁伟凡

上海财经大学出版社出版发行
(上海市中山北一路 369 号 邮编 200083)
网 址:http://www.sufep.com
电子邮箱:webmaster @ sufep.com
全国新华书店经销
上海叶大印务发展有限公司印刷装订
2018 年 7 月第 1 版 2018 年 7 月第 1 次印刷

787mm×1092mm 1/16 5.75 印张 147 千字
印数:0 001—2 000 定价:28.00 元

前　言

本书是将电子和计算机等专业使用的《电子学实验指导》与《电工学实验指导》两本书进行了重新编排,选择了最常用的"戴维南定理"、"日光灯功率因数改善"、"两级放大电路"、"运算放大电路"等12个实验内容结合SL-117B电工电子电拖综合实验装置进行重新的设计。实验内容基本涵盖了本科生对于电子学与电工学最基本的认知与理解,基本符合高等工科院校的课程教学要求。书中提供了详细实验说明,对于原理进行了细致的解释,并提供了操作电路图,学生可以根据步骤方便地进行实验的模拟和改进。

广州医科大学生物医学工程系物理教研室的全体老师对于本书的编写提供了大力的支持,广大老师提出了许多宝贵的意见和建议。袁伟凡负责了大部分的电路图绘制工作,认真负责,在此一并表示衷心的感谢。

本书得到广州市教育科学规划课题的资助("微课教学的教师备课方式研究",编号1201534440)。

限于编者水平,同时编写时间仓促,因此教材中一定存在不妥之处,希望广大读者提出批评和指正。

编　者
2018年6月

1

目　录

电
工
电
子
实
验
指
导

第一部分
实验指导书

医用电工学、电子学实验绪论

医用电工学与电子学是实践性很强的专业技术基础课,实验是它们的重要组成部分。实验课的目的、要求和注意事项如下:

一、实验目的

1. 配合理论课内容,加深理解、验证、巩固所学过的理论知识,使学生进一步理解电工学与电子学的基本原理。

2. 熟悉电路中常用的元、器件(组件)的性能,学会测试方法。

3. 学会正确合理使用常见的电工仪表和电子仪器、设备,学会常见电路的测量技术和调试方法。

4. 学会正确处理实验数据,编写实验报告,分析实验结果,培养工作严谨、实事求是的科学作风及爱护公物的优良品质。

5. 加强对电学技术基本内容的感性认识,培养学生应用所学理论分析和解决实际问题的能力。

6. 在实验过程中,掌握一定的安全用电知识。

实验前,必须明确实验时应该观察哪些现象,测量哪些数据,为什么要测量这些数据?用什么仪表测量,如何测量?在被测的物理量中,哪些是可以调节的,哪些是固定的,哪些是会随着其他量的变化而变化的?在做完实验后,要分析实验结果是否合理,写出实验报告,总结实验过程中的收获和体会。只有这样,才能达到电工实验的目的。

二、实验前要求

实验前必须预习。在实验前必须仔细阅读课本中有关内容及本次实验指导书中全部内容,明确本次实验目的、要求及本次实验所需要设备的使用方法;明确实验内容和步骤、实验中所需要测试的项目和要记录的内容。

三、实验中的注意事项

进行电工实验时，必须注意下列几点：

1. 接线

(1)接线前应把仪器设备整齐地摆在适当的位置，以便于按图依次接线。

(2)接线时，应先用粗导线连接电流较大的主回路，然后再用细线连接电流较小的回路。

(3)接线应尽量少用，应注意避免交叉，更不要扭在一起。在每个接线柱上，一般以两条接线为宜，过多则不易拧紧。

(4)任何负载应该经过开关和保险丝才能与电源相接。

(5)在实验时，如烧断保险丝，应该原规格换上，不得随意用粗保险丝或导线代替。

2. 使用仪表仪器

(1)应注意刻度盘上的符号，弄清被测的物理量是什么，如何接线，以免错用，损坏仪表。

(2)要注意仪表的量程。对多量程仪表要特别注意选择量程，量程太小，容易弄坏仪表，太大则读数不准确。

(3)读数要注意有效数字。例如，有一个3A的电流表，每小格代表0.1安，若加上估计，最多可读出三位有效数字。若指针刚好指在"1"处，应记为1.00A，第三位是估计数字。

(4)实验台面板及其他仪器的各控制旋钮，调节时必须轻轻调节，不能强行扭动，调节时不能超过刻度标志范围。

(5)实验台面、"通用电路板"、各种仪器仪表与各种元器件的表面禁止图画或用锋利的东西划花，要爱护实验室的一切设施和设备。违反者按照有关规定处分。

3. 安全用电

(1)接线、拆线和改接线路时都应先关断电源。

(2)做强电实验时，线路接好后，必须先请指导老师检查后才能通电。实验时严禁用手或导电物与带强电的器件相碰。违章操作触电者责任自负。

(3)闭合或断开闸刀开关时迅速果断，同时目光应注意仪表或机器是否正常动作。

(4)在刚接通电源及在实验过程中，应经常注意仪表和机器有无异常现象发生，如仪表的指针的指示是否正常，有无反向偏转或超过满刻度现象，变压器、电器有无过热发臭，电机的转速是否过高，有无发出异常声音、气味或冒火花等危险现象。如有这些现象，应立即关断电源、停止实验。并及时向指导老师报告，在找出并排除故障后，方可继续进行实验。

(5)接通电源后，应培养单手操作习惯，能用单手的尽量不用双手操作。

(6)电机实验时，保持身体不与旋转部分接触，女同学的长辫子和长头发应该盘结在头顶上，严禁下垂。

(7)万一发生任何事故，应迅速断开本组的电源开关或安全开关。

实验一　电路元件伏安特性的测量及基尔霍夫定理的验证

一、实验目的

1. 学会识别常用电路元件的方法。
2. 掌握线性电阻、非线性电阻元件伏安特性的逐点测试法。
3. 验证基尔霍夫定律的正确性,加深对基尔霍夫定律的理解。
4. 学会用电流插头、插座测量各支路电流的方法。
5. 掌握实验台上直流电工仪表和设备的使用方法。

二、实验设备

序号	名　称	型号与规格	数　量	备　注
1	直流可调稳压电源	24V 直流可调稳压电源	1 台	T08
2	直流稳压电源	+12V	1 台	T29
3	智能直流数字电压表	500V	1 台	C01
4	智能直流数字电流表	5A	1 台	C01
5	电工实验模块一	二极管 IN4007、稳压管 2CW53、白炽灯、线性电阻器 10K	1 台	G100

三、原理说明

　　任何一个二端元件的特性可用该元件上的端电压 U 与通过该元件的电流 I 之间的函数关系 $I=F(V)$ 来表示,即用 $I-U$ 平面上的一条曲线来表征,这条曲线称为该元件的伏安特性曲线。

　　1. 线性电阻器的伏安特性曲线是一条通过坐标原点的直线,如图 1—1 中 a 所示,该直线的斜率等于该电阻器的电阻值。

　　2. 一般的白炽灯在工作时灯丝处于高温状态,其灯丝电阻随着温度的升高而增大,通过白炽灯的电流越大,其温度越高,阻值也越大,一般灯泡的"冷电阻"与"热电阻"的阻值可相差

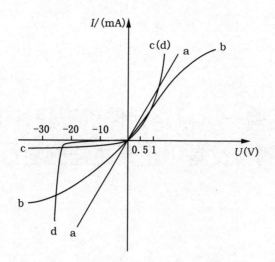

图 1—1   不同元器件的伏安特性曲线

几倍至十几倍,所以它的伏安特性如图 1—1 中 b 曲线所示。

3. 一般的半导体二极管是一个非线性电阻元件,其特性如图 1—1 中 c 曲线。正向压降很小(一般的锗管约为 0.2～0.3V,硅管约为 0.5～0.7V),正向电流随正向压降的升高而急骤上升,而反向电压从零一直增加到十多至几十伏时,其反向电流增加很小,粗略地可视为零。可见,二极管具有单向导电性,但反向电压加得过高,超过管子的极限值,则会导致管子击穿损坏。

4. 稳压二极管是一种特殊的半导体二极管,其正向特性与普通二极管类似,但其反向特性较特别,如图 1—1 中 d 曲线。在反向电压开始增加时,其反向电流几乎为零,但当电压增加到某一数值时(称为管子的稳压值,有各种不同稳压值的稳压管)电流将突然增加,以后它的端电压将维持恒定,不再随外加的反向电压升高而增大。

分析与计算图 1—2 所示的复杂电路时,可应用基尔霍夫电流定律和基尔霍夫电压定律。

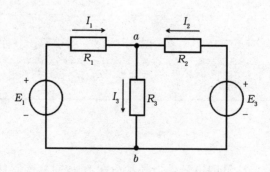

图 1—2   基尔霍夫定律实验原理图

基尔霍夫电流定律指出:在任一瞬间,流向某一节点的电流之和应该等于由该节点流出的电流之和,即一个节点上电流的代数和恒等于零。

$$\sum I = 0$$

基尔霍夫电压定律指出:在任一瞬间,沿任一回路的绕行方向,回路中各段电压的代数和恒等于零。

$$\sum E + \sum (IR) = 0$$

上式中,若电动势的正方向与回路绕行方向相同者,则取正号,相反者则取负号;若电流的正方向与回路绕行方向相同者,则取负号,相反者则取正号。

四、实验内容

1. 测定线性电阻器的伏安特性:

按图 1—3 接线,调节稳压电源的输出电压 U,从 0V 开始缓慢地增加,一直到 6V,使用万用表进行测量,记下相应的电压挡和电流挡的读数;转换电源的供电方向,再次记录从 0V 变化至 6V 时的相应读数。填写到实验报告书的表 1—1 中。并且描点绘制伏安特性曲线。

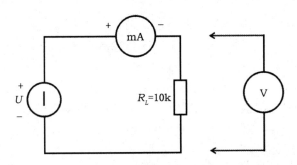

图 1—3　测定线性电阻的伏安特性

2. 测定非线性白炽灯泡的伏安特性:

将图 1—3 中的 R_L 换成一只 12V 的汽车灯泡,重复 1 的步骤,并且记录数据并描点绘制出伏安特性曲线(实验报告书表 1—2)。

3. 基尔霍夫定理的验证:

实验线路如图 1—4 所示。

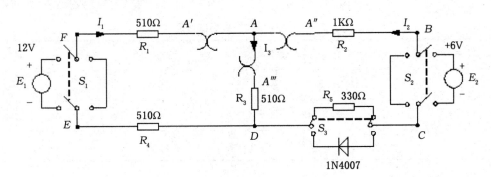

图 1—4　基尔霍夫验证实验电路图

(1)实验前先任意设定三条支路的电流参考方向,如图中的 I_1、I_2、I_3 所示,并熟悉线路结构,掌握各开关的操作使用方法。

(2)分别将两路直流稳压电源接入电路,令 $E_1 = 6V$(由直流可调稳压电源调节获得),$E_2 = 12V$(由通用电学试验台 T29 稳压电源+12V 直接输出),将右下角开关 S_3 投向电阻 R_5 一侧。

（3）测量各支路电流值：AA'、AA''、AA'''均为断开，在未测量其支路电流时，应用导线直接短接；当测量其支路电流时，可将电流表直接串入电路中。例如：若测量I_1电流时，将电流表串入A和A'之间，AA''、AA'''均用短线连接。

（4）用直流电压表分别测量两路电源及电阻元件上的电压值，此时，AA'、AA''、AA'''可均由短接线短接，并记录在实验报告书表1—3中。

（5）根据电路图已知条件计算相应的数据值。对比测量值与计算值验证基尔霍夫定律的有效性，如果误差较大，分析其中的原因。

自主学习内容——二极管参数测试仿真实验（Multisim）

半导体二极管是由 PN 结构成的一种非线性元件。典型的二极管伏安特性曲线可分为 4 个区：死区、正向导通区、反向截止区、反向击穿区。二极管具有单向导电性、稳压特性，利用这些特性可以构成整流、限幅、钳位、稳压等功能电路。

半导体二极管正向特性参数测试电路如图1—5所示。表1—1是正向测试的数据，从仿真数据可以看出：二极管电阻值 r_d 不是固定值，当二极管两端正向电压小，处于"死区"，正向电阻很大、正向电流很小；当二极管两端正向电压超过死区电压，正向电流急剧增加，正向电阻也迅速减小，处于"正向导通区"。

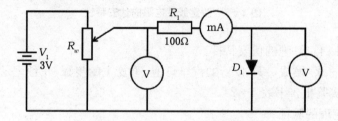

图1—5 二极管正向特性测试电路

表1—1   二极管正向特性仿真测试数据

R_w	10%	20%	30%	50%	70%	90%
V_D(mV)	299	496	544	583	613	660
I_D(mA)	0.004	0.248	0.684	1.529	2.860	7.286
$R_D=V_D/I_D$	74 760	2 000	795	381	214	90.58

半导体二极管反向特性参数测试电路如图1—6所示。

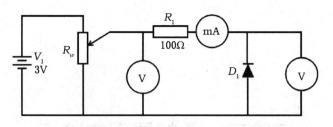

图 1−6 二极管反向特性测试电路

表 1−2 是反向测试的数据,从仿真数据可以看出:二极管反向电阻较大,而正向电阻小,故具有单向特性。反向电压超过一定数值(V_{BR}),进入"反向击穿区",反向电压的微小增大会导致反向电流急剧增加。

表 1−2   **二极管反向特性仿真测试数据**

R_w	10%	30%	50%	80%	90%	100%
V_D(mV)	10 000	30 000	49 993	79 982	80 180	80 327
I_D(mA)	0	0.04	0.007	0.043	35	197
$R_D = V_D/I_D$	∞	7.5E6	7.1E6	1.8E6	2 290.9	407.8

实验二　叠加原理的验证

一、实验目的

验证线性电路叠加原理的正确性,从而加深对线性电路的叠加性和齐次性的认识和理解。

二、实验设备

序号	名　称	型号与规格	数　量	备　注
1	直流可调稳压电源	24V 直流可调稳压电源	1 台	T08
2	直流稳压电源	+12V	1 台	T29
3	智能直流数字电压表	500V	1 台	C01
4	智能直流数字电流表	5A	1 台	C01
5	电工实验模块一	基尔霍夫定律、叠加定律	1 台	G100

三、原理说明

叠加原理指出:在有几个独立源共同作用下的线性电路中,通过每一个元件的电流或其两端的电压,可以看成是由每一个独立源单独作用时在该元件上所产生的电流或电压的代数和。

线性电路的齐次性是指当激励信号(某独立源的值)增加或减小 K 倍时,电路的响应(即在电路其他各电阻元件上所建立的电流和电压值)也将增加或减小 K 倍。

四、实验内容

实验线路如图 2-1 所示。

1. 按图 2-1,调节直流稳压电源取 $E_1 = +12V$,$E_2 = +6V$。(+12V 由 T29 直接获得,+6V 由 T08 直流稳压可调电源可调输出),将右下角开关 S_3 投向电阻 R_5 一侧。

2. 令 E_1 电源单独作用时(将开关 S_1 投向 E_1 侧,开关 S_2 投向短路侧),用直流数字电压表和毫安表(接电流插头)测量各支路电流及各电阻元件两端的电压,数据记入实验报告书表 2-1。支路电流表值的测量方法请参照"基尔霍夫定律实验"。

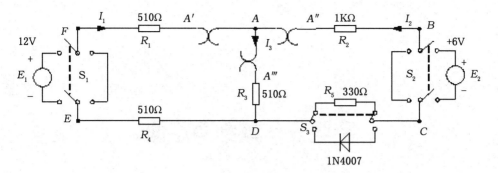

图 2—1　叠加原理验证电路图

3. 令 E_2 电源单独作用时(将开关 S_1 投向短路侧,开关 S_2 投向 E_2 侧),重复实验步骤 2 的测量和记录。

4. 令 E_1 和 E_2 共同作用时(开关 S_1 和 S_2 分别投向 E_1 和 E_2 侧),重复上述的测量和记录。

5. 将 R_5 换成一只二极管 1N4007(即将开关 S_3 投向二极管 D 侧)重复 1~4 的测量过程,数据记入实验报告书表 2—2。

6. 对比分析实验数据,验证叠加原理的有效性,如果误差较大,分析其中的原因。

五、实验注意事项

1. 用电流插头测量各支路电流时,应注意仪表的极性,及数据表格中"＋、－"号的记录。

2. 注意仪表量程的及时更换。

实验三　戴维南定理

一、实验目的

1. 验证戴维南定理的正确性,加深对该定理的理解。
2. 掌握测量有源二端网络等效参数的一般方法。

二、实验设备

序号	名　称	型号与规格	数　量	备　注
1	直流可调稳压电源	24V 直流可调稳压电源	1 台	T08
2	直流稳压电源	＋12V	1 台	T29
3	智能直流数字电压表	500V	1 台	C01
4	智能直流数字电流表	5A	1 台	C01
5	电工实验模块一	470 电位器、戴维南定理实验电路	1 台	G100

二、原理说明

1. 任何一个线性含源网络,如果仅研究其中一条支路的电压和电流,则可将电路的其余部分看作是一个有源二端网络(或称为含源二端口网络)。

戴维南定理指出:任何一个线性有源网络,总可以用一个等效电压源来代替,此电压源的电动势 E_S 等于这个有源二端网络的开路电压 U_{OC},其等效内阻 R_0 等于该网络中所有独立源均置零(理想电压源视为短接,理想电流源视为开路)时的等效电阻。

E_S 和 R_0 称为有源二端网络的等效参数。

2. 有源二端网络等效参数的测量方法:

(1)开路电压、短路电流法:

在有源二端网络输出端开路时,用电压表直接测其输出端的开路电压 U_{OC},然后再将其输出端短路,用电流表测其短路电流 I_{SC},则内阻为

$$R_O = \frac{U_{OC}}{I_{SC}}$$

12

（2）伏安法：

用电压表、电流表测出有源二端网络的外特性如图 3－1 所示。根据外特性曲线求出斜率 $tg\varphi$，则内阻

$$R_0 = tg\varphi = \frac{\Delta U}{\Delta I} = \frac{U_{oc}}{I_{sc}}$$

用伏安法，主要是测量开路电压及电流为额定值 I_N 时的输出端电压值 U_N，则内阻为

$$R_0 = \frac{U_{oc} - U_N}{I_N}$$

若二端网络的内阻值很低时，则不宜测其短路电流。

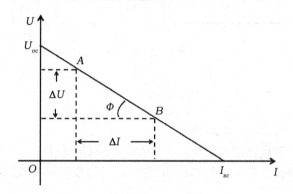

图 3－1　外特性曲线

（3）半电压法：

如图 3－2 所示，当负载电压为被测网络开路电压一半时，负载电阻（由电阻箱的读数确定）即为被测有源二端网络的等效内阻值。

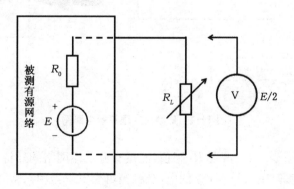

图 3－2　半电压法

（4）零示法：

在测量具有高内阻有源二端网络的开路电压时，用电压表进行直接测量会造成较大的误差，为了消除电压表内阻的影响，往往采用零示测量法，如图 3－3 所示。

零示法测量原理是用一低内阻的稳压电源与被测有源二端网络进行比较，当稳压电源的输出电压与有源二端网络的开路电压相等时，电压表的读数将为"0"，然后将电路断开，测量此时稳压电源的输出电压，即为被测有源二端网络的开路电压。

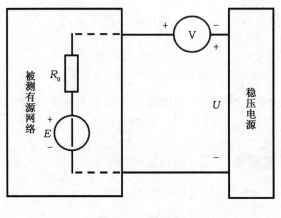

图3-3 零示法

四、实验内容

被测有源二端网络如图3-4(a)所示。

1. 用开路电压、短路电流法测定戴维南等效电路的 U_{OC} 和 R_0。

按图3-4(a)线路接入稳压电源 E_S 和恒流源 I_S 及可变电阻 R_L，测定 U_{OC} 和 R_0。

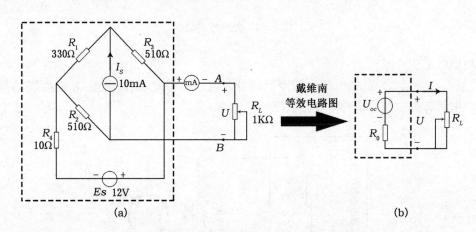

图3-4 戴维南定理等效电路图

2. 负载实验：按图3-4(a)改变 R_L 阻值，测量有源二端网络的外特性。

3. 验证戴维南定理：用一只470Ω的电位器（当可变电阻器用），将其阻值调整到等于按步骤"1"所得的等效电阻 R_0 之值，然后令其与直流稳压电源（调到步骤"1"时所测得的开路电压 U_{OC} 之值）相串联，如图3-4(b)所示，仿照步骤"2"测其外特性，对戴维南定理进行验证。

4. 测定有源二端网络等效电阻（又称入端电阻）的其他方法：将被测有源网络内的所有独立源置零（将电流源 I_S 去掉，也去掉电压源，并在原电压端所接的两点用一根短路导线相连），然后用伏安法或者直接用万用表的欧姆挡去测定负载 R_L 开路后 A、B 两点间的电阻，此即被测网络的等效内阻 R_0 或称网络的入端电阻 R_i。

5. 用半电压法和零示法测量被测网络的等效内阻 R_0 及其开路电压 U_{OC}，线路及数据表格自拟。

五、实验注意事项

1. 注意测量时,电流表量程的更换。

2. 步骤"4"中,电源置零时不可将稳压电源短接。

3. 用万用表直接测 R_0 时,网络内的独立源必须先置零,以免损坏万用表,其次,欧姆挡必须经调零后再进行测量。

4. 改接线路时,要关掉电源。

实验四　三相交流电路电压、电流的测量

一、实验目的

1. 掌握三相负载作星形连接、三角形连接的方法,验证这两种接法下线、相电压,线、相电流之间的关系。

2. 充分理解三相四线供电系统中中线的作用。

二、实验设备

序号	名　称	型号与规格	数　量	备　注
1	交流电压表	0～450V	1	选配
2	交流电流表	0～5A	1	选配
3	万用表	MF47－6	1	选配
4	三相四线 380V 交流电源	标准 380V 交流电	1	T01
5	三相灯组负载	15W 彩灯	8	G103

三、原理说明

1. 三相负载可接成星形(又称"Y"接)或三角形(又称"△"接),当三相对称负载作 Y 形连接时,线电压 U_l 是相电压 U_P 的 $\sqrt{3}$ 倍。线电流 I_l 等于相电流 I_P,即

$$U_l = \sqrt{3}U_P \ , \ I_l = I_P$$

当采用三相四线制接法时,流过中线的电流 $I_N = 0$,所以可以省去中线。

当对称三相负载作△形接时,有 $I_l = \sqrt{3}I_P$, $U_l = U_P$

2. 不对称三相负载作 Y 连接时,必须采用三相四线制接法,即 Y 接法。而且中线必须牢固连接,以保证三相不对称负载的每相电压维持对称不变。

16　倘若中线开断,会导致三相负载电压的不对称,致使负载轻的那一相的相电压过高,使负

载遭受损坏;负载重的一相相电压又过低,使负载不能正常工作。尤其是对于三相照明负载,无条件地一律采用Y接法。

3. 对于不对称负载作△连接时,$I_l \neq \sqrt{3} I_p$,但只要电源的线电压 U_l 对称,加在三相负载上的电压仍是对称的,对各相负载工作没有影响。

四、实验内容

1. 三相负载星形连接(三相四线制供电)

原理图与接线图如图 4-1"负载星形连接原理图"所示,按图连接实验电路,按以下的步骤完成各项实验:

分别测量三相负载的线电压、相电压、线电流、相电流、中线电流、电源与负载中点间的电压,将所测得的数据记入实验报告书表 4-1 中,并观察各相灯组亮暗的变化程度,特别要注意观察中线的作用。

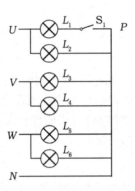

图 4-1 负载星形连接原理图

2. 负载三角形连接(三相三线制供电)

按图 4-2 改接线路,经指导教师检查合格后接通三相电源,并按实验报告书表 4-2 的内容进行测试。

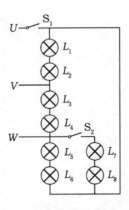

图 4-2 负载三角形连接原理图

五、实验注意事项

1. 本实验采用三相交流市电,线压为 380V,应穿绝缘鞋进实验室。实验时要注意人身安全,不可触及导电部件,防止意外事故发生。

2. 每次接线完毕,同组同学应自查一遍,然后由指导教师检查后,方可接通电源,必须严格遵守先接线后通电、先断电后拆线的实验操作原则。

3. 星形负载作短路实验时,必须首先断开中线,以免发生短路事故。

六、预习思考题

1. 三相负载根据什么条件作星形或三角形连接?

2. 复习三相交流电路有关内容,试分析三相星形连接不对称负载在无中线情况下,当某相负载开路或短路时会出现什么情况? 如果接上中线,情况又如何?

七、实验报告

1. 用实验测得的数据验证对称三相电路中的 $\sqrt{3}$ 关系。

2. 用实验数据和观察到的现象,总结三相四线供电系统中中线的作用。

3. 不对称三角形连接的负载,能否正常工作? 实验是否能证明这一点?

4. 根据不对称负载三角形连接时的相电流值作相量图,并求出线电流值,然后与实验测得的线电流作比较,并分析之。

5. 心得体会及其他。

实验五　日光灯电路及功率因数的改善

一、实验目的

1. 掌握日光灯电路的安装方法。
2. 验证交流电的并联电路中总电流和各分电流的关系。
3. 学习功率因数的测量，了解提高功率因数的方法。
4. 初步学会功率因数表的使用。

二、实验设备

序号	名　称	型号与规格	数　量	备　注
1	日光灯镇流器	8W 镇流器	1 台	G142B
2	灯管灯座	波力通灯管 18W	1 台	G142B
3	启辉器	4～65W/198～240V	1 台	G142B

三、原理说明

1. 日光灯的工作原理：

日光灯电路由日光灯管、镇流器、启动器等元件组成。实验电路见图 5－1。灯管两头有灯丝，管内充有一定量的惰性气体和少量水银，灯管内壁涂有荧光粉。在接通日光灯的电源后，灯管中的气体并不马上通电。此时由于启辉器内气体发生辉光放电，使它的双层金属电极受热变形而接通触点，触点接通后电源经镇流器使灯管两头灯丝点亮，灯丝被很快加热而发射电子。启辉器触点闭合以后，辉光放电立即停止，双层金属片因冷却而恢复原状，使触点突然断开。在启辉器触点断开瞬间，镇流器线圈两端产生很高的自感电动势，并与电源电压叠加后加于灯管两端，将会使灯管内气体被击穿电离产生放电，管内水银蒸气受激发，辐射出大量紫外线，灯管壁上的荧光粉在紫外线的照射下发出荧光——近似日光，故称其为日光灯。在灯管导通后，由于镇流器感抗的降压作用，灯管两端电压实际值比电源电压小得多，启辉器不会再产生辉光放电,这时日光灯进入正常工作状态。

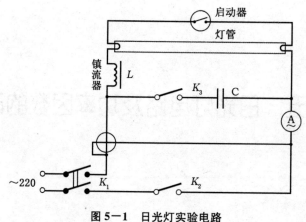

图 5—1 日光灯实验电路

2. 提高日光灯功率因数的原理:

日光灯电路中由于串有镇流器,属感性电路,电压超前电流,两者有较大的相位差,所以功率因数较小,在电路中并联电容器以后,可以减少电流与电压的相位差 φ ,从而使功率因数 $\cos\varphi$ 提高。

四、实验内容

1. 根据实验图使用导线将日光灯、镇流器等元件连接为实物电路。把开关都设置为断开状态。并按图 5—2 连接单相相位表。

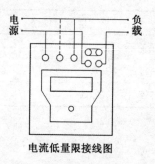

电流低量限接线图

图 5—2 单相相位表接线图

2. 请老师检查无误后,接入~220V 电源(必须经过老师检查无误后才允许通电,否则触电或发生意外事故后果自负!),接通开关,观察日光灯点亮过程。

3. 当实验台 G103 上的开关 K_8、K_9 处于实验报告书的表 5—1 中所示不同的组合状态下,分别读出 P_1 读数 I(电路的整体电流值),P_2 读数 I_C(流过电容的电流值),P_3 读数 I_L(流过日光灯线路电流值)及相位表的读数 $\cos\varphi$,记入实验报告中。

4. 如果 K_8、K_9 的不同组合无法很好地改善功率因数,可以利用 G103 台面上的 $K_1 \sim K_9$ 这 9 个电容,自由进行串并联组合,搭配出合理的电容值,尽量改善日光灯功率因数,并将组合的电容情况记录在实验报告书中。

五、注意事项

本实验中要直接对市电(交流 220V 电压)进行测量,因此必须做到:

1. 电路连接好后,必须经过指导老师检查无误后,才允许通电!

2. 电路通电后实验者身体不能与电路中任何导体接触。万用表测量电源电压时,必须用手握住测试笔(表笔)的绝缘部分。

3. 实验完毕后,拆除电路前必须首先断开电源。

实验六 三相异步电动机及其控制电路

一、实验目的

1. 学习三相异步电动机的一般检查方法。
2. 知道常用电机控制电器的基本构造及用法。
3. 学会异步电动机控制电路的工作原理及接线方法。

二、实验设备

序号	名　称	型号与规格	数　量	备　注
1	三相三线 380V 交流电源	标准 380V 交流电	1 组	T01
2	三相异步电动机	JW-6143	1 台	选配

三、原理说明

实验图 6-1 所示为三相异步电动机具有自锁控制的运转控制器。KM 是控制电机运转的交流接触器（它有三个常开主触点，两个辅助常闭点和两个辅助常开触点，并有一个励磁线圈）。SB1 为开机按钮，它是一对常开触点。当按下 SB1 时，常开触点接通。接触器励磁线圈通电，主触点吸合，电动机通电运转。与此同时，由于接触器的一对辅助常开触电连接在开机按钮的常开触点两端，通电时接触器的辅助常开触点闭合并锁定，这时即使松开开机按钮，电路也不会断电。SB2 是关机按钮，它是一个常闭开关，当按下时，控制电路断电，主触点断开，电机将停转。

电路图中 QS 为闸刀开关，FU 为熔断器。

四、实验内容

1. 异步电动机的一般检查：

(1)把电动机的铭牌参数记录在实验报告书的表 6-1 中。

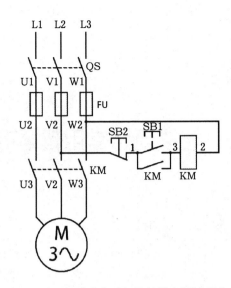

图 6－1　三相异步电动机接触器自锁控制电路

（2）用兆欧表测量各绕组间及绕组与机壳间的绝缘电阻,把结果记录在实验报告书的表 6－2中。

（3）用手转动电动机的转子检查转动是否正常。

2. 三相异步电动机的运转实验:

（1）按实验图 6－1接好电路,电机采用星形接法,在接电路时,闸刀开关必须处于断开状态。

（2）电路接好后,请指导老师检查并确认无误后,才能接通三相 380V 电源(强电实验! 必须经过老师检查无误后才允许通电,否则触电或发生意外事故则后果自负!)

（3）将三相闸刀开关接通。按下开机按钮 SB1,观察电动机运转方向及接触器的动作情况。此时接触器 KM 应吸合,电机运转。

（4）按下停机按钮 SB2,观察电机的运转情况及接触器的动作情况。

（5）待电机停转后,再次按下开机按钮 SB1,使用钳形电流表分别测量三根相线的电流,并记录在实验报告书的表 6－3中。

（6）按下停机按钮 SB2,使电机停转。断开三相闸刀开关 QS 和三相电源总开关,拆除电路,把所有实验器材按指定位置摆放整齐。

五、注意事项

1. 本实验属强电实验,实验人员应注意安全,严格遵守操作规程。

2. 电路接好后,必须请指导老师检查并确认无误后,才能接通三相 380V 电源。

3. 在电源闸刀开关接通以后,不可接触电路中任何导体部分及改动接线。

4. 电动机工作时,严禁用手碰触前端及后端风叶;女同学的长辫子、长头发必须盘结好在头顶上,严禁下垂。

5. 拆除电路时,必须先断开三相闸刀开关 QS 和三相电源总开关。

实验七　模拟电路常用仪器的使用

一、实验目的

1. 能说出几种常用仪器面板上各旋钮和接线柱的作用。
2. 学会示波器的基本操作方法,并学会使用示波器测量电压。
3. 学会使用信号发生器和晶体管毫伏表。
4. 了解通用电学实验台。

二、实验器材

1. 函数信号发生器 1 台。
2. 晶体管毫伏表 1 台。
3. 双踪示波器 1 台。

三、实验电路

实验电路如图 7—1 所示。

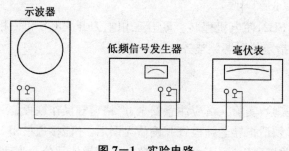

图 7—1　实验电路

四、实验原理

在电工测量和实验中,常用的电子仪器有示波器、信号发生器和测量仪表(如万用电表、交流毫伏表、瓦特表)等。毫伏表及示波器常用来测量信号,而信号由信号发生器产生,它们的用途及与实验电路的关系如图 7—2 所示。

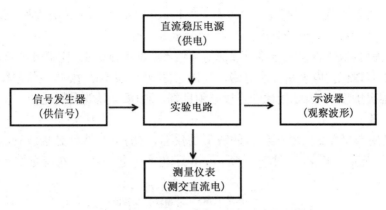

图 7—2　常用仪器的用途及与实验电路的关系

五、仪器简介

（一）低频（函数）信号发生器

低频信号发生器采用单片机波形合成发生器产生高精度、低失真的正弦波电压,可用于校验频率继电器、同步继电器等,也可作为低频变频电源使用。信号发生器采用数字波形合成技术,通过硬件电路和软件程序相结合,可输出自定义波形,如正弦波、方波、三角波及其他任意波形。波形的频率和幅度在一定范围内可任意改变。

（二）晶体管毫伏表

毫伏表是测量正弦电压有效值的仪器,有电子管的,也有晶体管的。本实验以 DF2173B 晶体管毫伏表为例说明这类仪器的使用方法。

1. DF2173B 毫伏表的面板见图 7—3,面板上各个部件及旋钮的功能如下:

（1）表头　　　　　　　　（2）机械零位调整

（4）量程开关　　　　　　（5）信号输入插座

（6）电源开关　　　　　　（7）电源指示灯

（12）监视输出插座　　　　（13）保险丝座

（14）电源线　　　　　　　（15）接地端

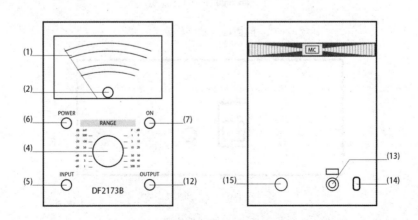

图 7—3　DF2173B 毫伏表的面板图

2. 测量交流电压范围：1毫伏至300伏，分1、3、10、30、100、300毫伏和1、3、10、30、100、300伏。共12档。被测电压的频率范围：5赫兹至2兆赫兹。

3. 开机、关机：毫伏表接入电路时或测量量值不明的电压之前，应把测量范围旋钮到高量程档(3伏以上)，以保护电表指针及电路。开机、关机及仪表不使用时，应将两输入线短接。

4. 本仪器灵敏度高，因此接地端连接必须良好，而且要正确选择接地点。

（三）示波器

示波器是用来观察交变电压信号的波形的仪器，它的主要部件是示波管，示波管由电子枪、偏转板和荧光屏等组成，如图7－4所示。电子枪产生电子束，射在荧光屏上发出亮光。

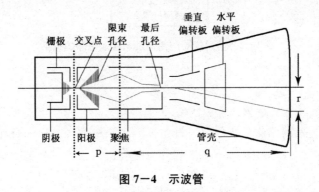

图7－4 示波管

CA8010M示波器面板上各个旋钮的位置如图7－5所示。各旋钮的作用如表7－1所示。

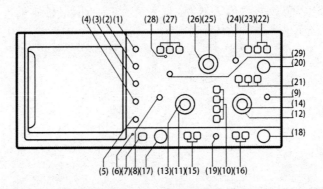

前面板控制件位置

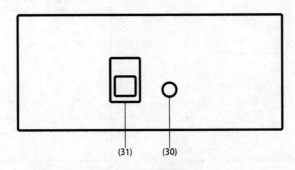

后面板控制件位置

图7－5 CA8010M示波器面板控制部件位置图

　　　　　　　　　　　　CA8010M 示波器面板控制部件的作用

序号	控制件名称	功　能
（1）	亮度	调节光迹的亮度
（2）	辅助聚焦	与聚焦配合,调节光迹的清晰度
（3）	聚焦	调节光迹的清晰度
（4）	迹线旋钮	调节光迹与水平刻度线平行
（5）	校正信号	提供幅度为 0.5V、频率为 1KHz 的方波信号
（6）	电源指示灯	电源接通时,灯亮
（7）	电源开关	电源接通或关灯
（8）	Y1 移位	调节通道 1 光迹在屏幕上垂直位置
（9）	Y2 移位	调节通道 2 光迹在屏幕上垂直位置
（10）	垂直方式	Y1 或 Y2:通道 1 或 2 单独显示,双踪:双踪显示
（11）	电压衰减器（VOLTS/DIV）	1/1 踪调节垂直偏转灵敏度
（12）	电压衰减器（VOLTS/DIV）	1/2 踪调节垂直偏转灵敏度
（13）	微调	1/1 踪连续调节垂直偏转灵敏度,顺时针旋足为校正位置
（14）	微调	1/2 踪连续调节垂直偏转灵敏度,顺时针旋足为校正位置
（15）	耦合方式（AC—DC—GND）	1/1 踪选择被测信号馈入垂直通道的耦合方式
（16）	耦合方式（AC—DC—GND）	1/2 踪选择被测信号馈入垂直通道的耦合方式
（17）	Y1 或 X	1/1 踪被测信号的输入插座
（18）	Y2 或 Y	1/2 踪被测信号的输入插座
（19）	接地（GND）	与机壳相联的接地端
（20）	外触发输入	外触发输入插座
（21）	内触发源	选择 Y1、Y2 或交替触发
（22）	极性	正:选择信号的上升沿触发扫描 负:选择信号的下降沿触发扫描 内:内触发源 外:外触发源
（23）	×1 或×10	×10 时扫描速度被扩展 10 倍
（24）	电平	调节被测信号在某一电平开始触发扫描,使 X 轴扫描信号与被测信号同步,以得到稳定波形
（25）	扫描微调	连续调节扫描速度,顺时针旋足为校正位置
（26）	扫描速率（SEC/DIV）	调节扫描速度,顺时针旋到底为 X—Y
（27）	触发方式	常态:无信号时,屏幕上无显示;有信号时,与电平控制配合显示稳定波形 自动:无信号时,屏幕上显示光迹;有信号时,与电平控制配合显示稳定波形 电视场:用于显示电视场信号
（28）	触发指示	在触发扫描时,指示灯亮

序号	控制件名称	功　　能
(29)	水平移位	调节迹线在屏幕上的水平位置
	拉出÷10	慢扫描方式
(30)	Z轴输入	亮度调制信号输入插座
(31)	电源插座及保险丝座	220V电源插座,保险丝为1A

具体使用方法结合以下实验步骤详细叙述。

六、实验步骤

1. 对照图7—3及其说明认清实验台板面上各开关、旋钮和接线柱的位置及它们的作用。
2. 熟悉示波器面板上各旋钮和接线柱的作用。
(1)对照表7—1认清面板上各旋钮和接线柱的位置及它们的作用。
(2)开机前将有关控制部件按表7—2设置。

表7—2　　　　　　　　　　　　　　　控制部件设置

控制部件名称	作用位置	控制部件名称	作用位置
亮度	居中	触发方式	自动
聚焦	居中	SEC/DIV	0.5mS
位置	居中	极性	正
垂直方式	Y1	触发源	内
VOLTS/DIV	0.1V	内触发源	Y1
微调	校正位置	输入耦合	AC

(3)接通电源,电源指示灯亮。经示波管灯丝预热后,屏幕上出现一条扫描基线,分别调节亮度、聚焦、辅助聚焦、迹线旋转,使基线清晰并与水平刻度平行。如无光点或基线出现,可调"辉度"、"X轴移位"、"Y轴移位"旋钮,直到光点出现为止。
(4)用1:1或10:1探极将校正信号输入至Y1输入插座,屏幕上出现矩形波信号,如图7—6。

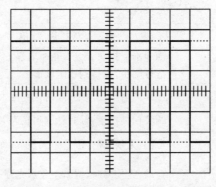

注:若将校正信号输入至Y2插座,则垂直方式应置于"Y2",内触发源置于"Y2"。

图7—6　校正信号波形图

(5)调节 Y1 移位、X 轴移位以及同步旋钮,使矩形波清楚呈现在荧光屏中间。并对照表7－1分别调试各个旋钮,了解它们的作用。

3. 校准

调节电压衰减(V/DIV)旋扭和扫描速率(SEC/DIV)旋扭。分别使光屏上出现 2 个周期或 5 个周期而幅度为 5 格的校准电压的清晰稳定的波形。并将波形和有关旋钮的位置填入实验报告书的表 7－1 中。

4. 用示波器和毫伏表对低频信号发生器的输出电压进行测量。

(1)按实验图 7－1 所示把仪器各接地端连在一起,低频信号发生器正弦波的输出端和毫伏表、示波器的 Y1 输入端相连接,信号传送必须用屏蔽线,屏蔽线的屏蔽层应与"地"端先连,否则将受到外界干扰,使实验无法顺利进行。

(2)调节正弦波信号幅度为 2V(用毫伏表的 3V 档量程),频率为 1kHz 的正弦波,用示波器观察上述正弦波。要求在屏幕上显示峰一峰值约为 6 格,并有两个完整周期的正弦波,把波形和有关旋钮的位置填入实验报告书的表 7－2 中。

(3)用示波器测量上述信号电压的峰值,步骤如下:

①调节电压衰减器(VOLTS/DIV),使被显示的波形在 6 格左右。

②调整电平使波形稳定。

③调节扫速控制器(SEC/DIV),使屏幕显示两个完整周期的正弦波(至少显示一个完整周期的波形)。

④调整 Y1 垂直移位,使波形底部在屏幕中某一水平坐标线上。

⑤调整 X 轴水平移位,使波形顶部在屏幕中央的垂直坐标线上。如图 7－7 所示。

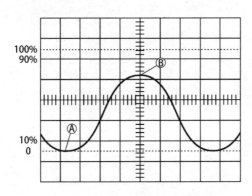

图 7－7 峰一峰电压的测量

⑥读出波形底部至顶部在垂直方向之间的格数。

⑦按下面公式计算被测信号的峰一峰电压值(Vp－p)。

$$Vp－p＝垂直方向的格数×垂直偏转因数×探极的衰减因数$$

例如,图 7－7 中用 10∶1 探极测出 A－B 两点垂直格数为 4.2 格,Y 轴衰减器的垂直偏转因数为 0.2V/DIV,则

$$Vp－p＝0.2×4.2×10＝8.4(V)$$

⑧把测量结果填入实验报告书的表 7－2 中。并将它换算成有效值,和毫伏表测得的值加以比较。

(4)调节正弦波信号幅度为 200mV(用毫伏表的 200mV 档测量),频率为 2kHz 的正弦

波,重复以上(2)(3)步骤。

七、注意事项

1. 使用示波器时,辉度以能看清波形为限,不要太强,不要让光点长期在荧光屏一点上停留,以免烧坏荧光屏。暂时不用示波器时,可将其辉度调暗。关机前,应将辉度调到最暗。

2. 毫伏表测量时应先调零。开机、关机、接入电路时及仪表不使用时,应将两输入线短接,以保护电表。

3. 低频信号发生器用毕后,应将电压输出旋钮调到最小的位置,使输出电压为零。

八、思考与讨论

1. 在观察波形时,应按什么次序调节那些旋钮才能在示波器上得到一个清晰、稳定的波形?

2. 低频信号发生器、示波器、毫伏表各有什么用途?

九、附录:周期测量的方法

分别调整示波器"垂直移位"和"水平移位"旋钮,使一个周期的波形中的两个对应点调整到屏幕中央的水平刻度线上,测量这两点之间的水平格数,再按下列公式计算出其周期。

周期=两点之间水平距离(格)×扫描时间因数

例如,在图 7—7 中,一个周期的波形中的两个对应点的水平距离为 7.5 个,扫描时间因数为 $2\mu S/DIV$,则

$$周期=2\mu S/DIV×7.5=15\mu S$$

实验八　单级放大电路

一、实验目的

1. 熟悉三极管特性。
2. 掌握放大器静态工作点的调试方法及其对放大器性能的影响。
3. 学习测量放大器 Q 点，A_u，R_i，R_O 的方法，了解共射极电路特性。
4. 学习放大器的动态性能。

二、实验器材

1. 示波器 1 台。
2. 信号发生器 1 台。
3. 数字万用表 1 台。

三、预习要求

1. 三极管及单管放大工作原理。
2. 放大器动态及静态测量方法。

四、实验原理

1. 放大器静态工作点的测量与调试：

(1)静态工作点的测量。

测量放大器的静态工作点，应在输入信号 $u_i=0$ 的情况下进行，即将放大器输入端与地端短接，然后选用量程合适的直流毫安表和直流电压表，分别测量晶体管的集电极电流 I_C 以及各电极对地的电位 U_B、U_C 和 U_E。一般实验中，为了避免断开集电极，所以采用测量电压 U_E 或 U_C，然后算出 I_C 的方法，例如，只要测出 U_E，即可用 $I_C \approx I_E = \dfrac{U_E}{R_E}$ 算出 I_C（也可根据 $I_C = \dfrac{U_{CC} - U_C}{R_C}$，由 U_C 确定 I_C），同时也能算出 $U_{BE} = U_B - U_E$，$U_{CE} = U_C - U_E$。

为了减小误差，提高测量精度，应选用内阻较高的直流电压表。

（2）静态工作点的调试。

放大器静态工作点的调试是指对管子集电极电流 I_C（或 U_{CE}）的调整与测试。

静态工作点是否合适，对放大器的性能和输出波形都有很大影响。如工作点偏高，放大器在加入交流信号以后易产生饱和失真，此时 u_o 的负半周将被削底，如图 8－1(a)所示；如工作点偏低则易产生截止失真，即 u_o 的正半周被缩顶（一般截止失真不如饱和失真明显），如图 8－1(b)所示。这些情况都不符合不失真放大的要求。所以在选定工作点以后还必须进行动态调试，即在放大器的输入端加入一定的输入电压 u_i，检查输出电压 u_o 的大小和波形是否满足要求。如不满足，则应调节静态工作点的位置。

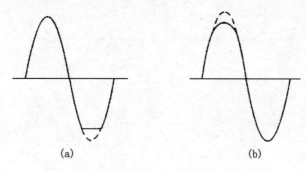

(a)   (b)

图 8－1　静态工作点对 u_o 波形失真的影响

改变电路参数 U_{CC}、R_C、R_B（R_{B1}、R_{B2}）都会引起静态工作点的变化，如图 8－2 所示。但通常多采用调节偏置电阻 R_{B2} 的方法来改变静态工作点，如减小 R_{B2}，则可使静态工作点提高等。

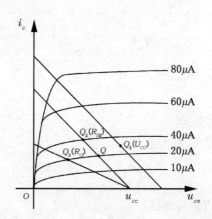

图 8－2　电路参数对静态工作点的影响

最后还要说明的是，上面所说的工作点"偏高"或"偏低"不是绝对的，应该是相对信号的幅度而言，如输入信号幅度很小，即使工作点较高或较低也不一定会出现失真。所以确切地说，产生波形失真是信号幅度与静态工作点设置配合不当所致。如需满足较大信号幅度的要求，静态工作点最好尽量靠近交流负载线的中点。

2. 放大器动态指标测试：

放大器动态指标包括电压放大倍数、输入电阻、输出电阻、最大不失真输出电压（动态范围）和通频带等。

(1)电压放大倍数 A_u 的测量。

调整放大器到合适的静态工作点,然后加入输入电压 u_i,在输出电压 u_o 不失真的情况下,用交流毫伏表测出 u_i 和 u_o 的有效值 U_i 和 U_O,则 $A_u = \dfrac{U_O}{U_i}$

(2)输入电阻 R_i 的测量。

为了测量放大器的输入电阻,按图 8—3 电路在被测放大器的输入端与信号源之间串入一已知电阻 R,在放大器正常工作的情况下,用交流毫伏表测出 U_S 和 U_i,则根据输入电阻的定义可得

$$R_i = \frac{U_i}{I_i} = \frac{U_i}{\dfrac{U_R}{R}} = \frac{U_i}{U_S - U_i} R$$

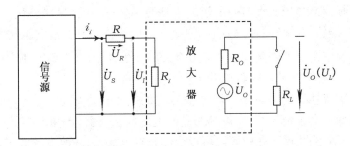

图 8—3　输入、输出电阻测量电路

测量时应注意下列几点:

①由于电阻 R 两端没有电路公共接地点,所以测量 R 两端电压 U_R 时必须分别测出 U_S 和 U_i,然后按 $U_R = U_S - U_i$ 求出 U_R 值。

②电阻 R 的值不宜取得过大或过小,以免产生较大的测量误差,通常取 R 与 R_i 为同一数量级为好。

(3)输出电阻 R_O 的测量。

按图 8—3 电路,在放大器正常工作条件下,测出输出端不接负载 R_L 的输出电压 U_o 和接入负载后的输出电压 U_L,根据

$$U_L = \frac{R_L}{R_O + R_L} U_o$$

即可求出

$$R_O = \left(\frac{U_o}{U_L} - 1\right) R_L$$

在测试中应注意,必须保持 R_L 接入前后输入信号的大小不变。

(4)最大不失真输出电压 U_{oP-P} 的测量(最大动态范围)。

如上所述,为了得到最大动态范围,应将静态工作点调在交流负载线的中点。为此在放大器正常工作情况下,逐步增大输入信号的幅度,并同时调节 R_P(改变静态工作点),用示波器观察 U_o,当输出波形同时出现削底和缩顶现象(如图 8—4 时),说明静态工作点已调在交流负载线的中点。然后反复调整输入信号,使波形输出幅度最大,且无明显失真时,用交流毫伏表测出 U_o(有效值),则动态范围等于 $2\sqrt{2}U_o$。或用示波器直接读出 U_{oP-P} 来。

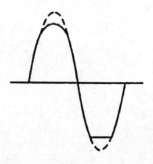

图 8－4　静态工作点正常,输入信号太大引起的失真

（5）放大器幅频特性的测量。

放大器的幅频特性是指放大器的电压放大倍数 A_u 与输入信号频率 f 之间的关系曲线。单管阻容耦合放大电路的幅频特性曲线如图 8－5 所示,A_{um} 为中频电压放大倍数,通常规定电压放大倍数随频率变化下降到中频放大倍数的 $1/\sqrt{2}$ 倍,即 $0.707A_{um}$ 所对应的频率分别称为下限频率 f_L 和上限频率 f_H,则通频带 $f_{BW}=f_H-f_L$。

放大器的幅率特性就是测量不同频率信号时的电压放大倍数 A_u。为此,可采用前述测 A_u 的方法,每改变一个信号频率,测量其相应的电压放大倍数,测量时应注意取点要恰当,在低频段与高频段应多测几点。在中频段可以少测几点。此外,在改变频率时,要保持输入信号的幅度不变,且输出波形不得失真。

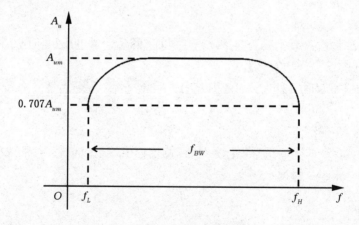

图 8－5　幅频特性曲线

五、实验内容及步骤

1. 按图 8－6 连接电路:

（1）按图 8－6 所示,连接电路(注意:接线前先测量＋12V 电源,关断电源后再连线),将 R_P 的阻值调到最大位置。

（2）接线完毕仔细检查,确定无误后接通电源。

2. 静态调整:

调整 R_P,使 V_E＝2.2V 左右,测量 U_{BE}、U_{CB} 等静态数值填入实验报告书表 8－1。

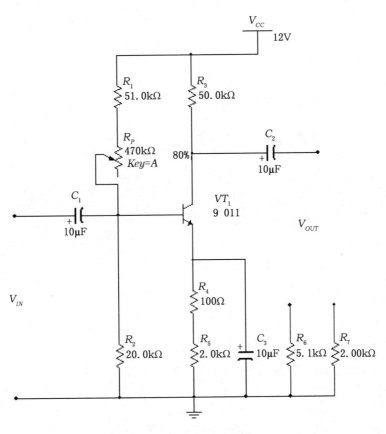

图 8—6　单级放大电路

3. 动态研究：

(1)将信号发生器调到 $f = 1\text{kHz}$，有效值为 3mV，接到放大器输入端 u_i。观察 u_i 和 u_o 端波形，并比较相位。

(2)信号源频率不变，逐渐加大幅度，观察 u_o 不失真时的最大值并填写实验报告书表 8—2(注意此时不添加任何负载，即 $R_L = \infty$)。

(3)保持 $u_i = 5\text{mV}$ 不变，放大器接入负载 R_L。在改变 R_L 数值(分别为 5.1K 和 2K)情况下测量输出电压 u_o，并将计算结果填入实验报告书表 8—3。

(4)对比观察静态点取值不同的情况下对于输出波形的影响。增大和减小 R_p 使得 V_E 分别取 2.4V 和 0.5V 两种情况。设置输入信号 $u_i = 20\text{mV}$，在示波器上观察两种情况下的输出波形图形。并在实验报告书上画出结果。需要注意的是调节静态点数值时，输入信号处于短路状态。

注意：若失真观察不明显可增大或减小 u_i 幅值重测。

六、实验报告

1. 注明你所完成的实验内容和思考题，简述相应的基本结论。

2. 根据你在实验中感受最深的一个实验内容，写出详细的报告。要求你能够使一个懂得电子电路原理但没有看过本实验指导书的人可以看懂你的实验报告，并相信你实验中得出的基本结论。

实验九　两级放大电路

一、实验目的

1. 掌握如何合理设置静态工作点。
2. 学会放大器频率特性测试方法。
3. 了解放大器的失真及消除方法。

二、实验器材

示波器 1 台。

三、预习要求

1. 复习教材多级放大电路内容及频率响应特性测量方法。
2. 分析图 9-1 两级交流放大电路。初步估计测试内容的变化范围。

四、实验内容

按照图 9-1 连接线路。

1. 设置静态工作点：

(1) 按图接线,注意接线尽可能短。

(2) 分别设置第一级与第二级的静态工作点:在第一级输入端 u_i 加上 1kHz 幅度为 5mV 的交流信号,将第一级的输出接入示波器,逐渐地加大输入信号幅值,观察示波器上的输出波形情况,如果发生上峰或者下峰的失真,调整 R_{P1} 的大小,然后继续上述操作直到增大输入信号,同时发生上峰和下峰的失真,R_{P1} 的调整结束;第二级的调整也采用同样的方法,注意的是第二级的输入要经过一个耦合电容的滤波,因此在第二级的输入信号时可以从第一级的集电极的位置加入。

(3) 静态的调整结束后,去除信号源,将电路设置为直流通路,使用万用表测量相关电位值,记录到实验报告书的表 9-1 中。

2. 将整个放大电路连接完整(注意尽量使用较短的连线),在输入端 u_i 加上 1kHz 幅度为 5mV 的交流信号,按实验报告书的表 9-2 要求测量并计算结果,填入实验报告书的表 9-2

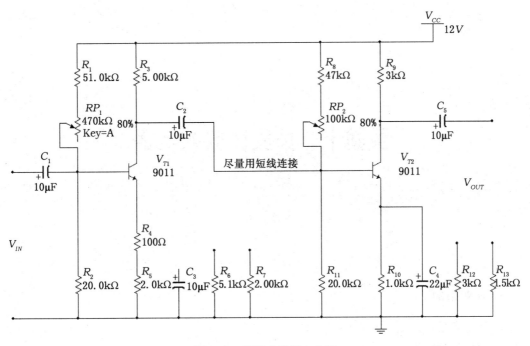

图 9－1　两级交流放大电路

中。(需要注意的是测量第一级放大电路的输出电压时,第二级放大电路要当作第一级的负载来看待)

3. 接入负载电阻 R_L＝3K,按实验报告书的表 9－2 测量并计算,比较两次实验内容结果。

4. 测两级放大器的频率特性:

(1)将放大器负载断开,保持输入信号频率不变,调节输入信号幅度使输出幅度最大而不失真。

(2)保持输入信号幅度不变,改变频率,按实验报告书表 9－3 测量并记录。

(3)接上负载,重复上述实验。

五、实验报告

1. 整理实验数据,分析实验结果。

2. 画出实验电路的频率特性简图,标出 f_H 和 f_L。

3. 写出增加频率范围的方法。

实验十 负反馈放大电路

一、实验目的

1. 研究负反馈对放大器性能的影响。
2. 掌握反馈放大器性能的测试方法。

二、实验器材

双踪示波器 1 台。

三、预习要求

1. 认真阅读实验内容要求，估计待测量内容的变化趋势。
2. 图 10—1 电路中晶体管 β 值为 120，计算该放大器开环和闭环电压放大倍数。

四、实验原理

在放大器中，我们往往把输出端的某种电信号（电压或电流）通过一定的方式反馈回输入端，反馈信号跟原有输入信号相位相反，通过自动调节从而使放大器的某些性能获得改善，这种方式称为负反馈。这样的放大器称为负反馈放大器。

负反馈的方式有电压反馈、电流反馈、串联反馈和并联反馈。

负反馈放大器的方框图如图 10—1 所示。

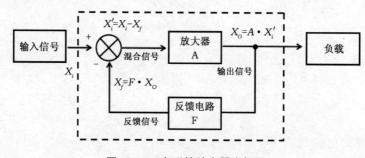

图 10—1 负反馈放大器方框图

38

从图 10－1 可以看到,任何负反馈放大器都应包含两个基本部分:一是基本放大器,另一个是反馈电路。当然,基本放大器可以是单级的,也可以是多级的。反馈电路多数是用电阻元件组成的"衰减"电路。一个两级负反馈放大电路如图 10－2 所示。

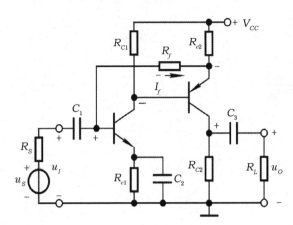

图 10－2　两级负反馈放大电路

放大器引入负反馈,对放大器的性能会有以下的影响。

1. 使放大倍数(增益)减小。

根据理论上的研究可知,放大器引入负反馈后,放大器的闭环放大倍数(闭环增益)A_f 比不加负反馈时的开环放大倍数(开环增益)A 降低了$(1+AF)$倍,其中 F 是反馈系数。

2. 使放大倍数稳定性提高。

对一般放大器来说,晶体管和电路其他元件参数的变化以及环境温度的影响等等因素,都会引起放大倍数的变化。放大倍数的不稳定,将严重影响放大器工作的准确性和可靠性。采用负反馈的方法,可以减小放大倍数的不稳定性,即对放大倍数的稳定性来说,有负反馈时的稳定性比无反馈时的要高。

3. 使非线性失真改善。

放大器往往由于晶体管特性的非线性而造成输出波形的失真。利用负反馈能起到改善波形失真的作用。

4. 使通频带加宽。

在阻容耦合放大器中,低频端和高频端的电压放大倍数都要降低,使通频带限制在下截止和上截止频率以内。从本质来说,频带的限制都是由于放大器在不同频段上放大倍数的变化造成的,如果我们能够使放大器在很宽的频率范围内放大倍数达到稳定,那么通频带自然也就加宽了。前面已经讲过,采用负反馈可以减小各种原因所引起的放大倍数的变化,当然也包括由于频率不同所引起的变化在内。正是由于这个原因,引入负反馈以后,尽管在低频端和高频端的电压放大倍数还是要下降的,但是由于稳定性的提高,变化的程度减弱,因而就可以使下截止频率更低,而上截止频率更高,从而扩展了通频带的范围。

5. 会影响输入电阻和输出电阻的大小。

根据研究可知,并联负反馈能使放大器输入电阻减小;串联负反馈能使放大器输入电阻增大;而电压负反馈能使放大器输出电阻减小;电流负反馈能使放大器输出电阻增大。

四、实验内容及步骤

1. 负反馈放大器开环和闭环放大倍数的测试。

(1)开环电路:

①按图 10-3 接线,R_F 先不接入。

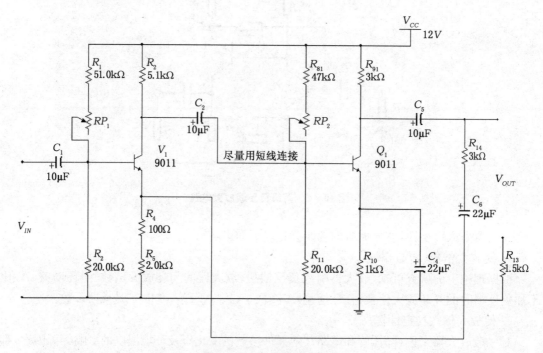

图 10-3　负反馈放大电路

②调整静态工作点(即调整 R_{P1}、R_{P2})使输出不失真。

③输入端 u_i 接入 $u_i=5\text{mV}$、$f=1\text{kHz}$ 的正弦波。测量开环时的输出量和放大倍数并填入实验报告书表 10-1。

(2)闭环电路:

①接通 $R_F(R_{14})$ 按要求调整电路。

②按实验报告书表 10-1 要求测量并填表,计算 Auf。

③根据实测结果,验证 $Auf\approx1/F$。

2. 负反馈对失真的改善作用。

(1)将图 10-3 电路开环,逐步加大 u_i 幅度,使输出信号出现失真(注意不要过分失真),记录失真波形幅度。

(2)将电路闭环,观察输出情况,记录上述各步实验波形图,对比分析。

3. 测放大器频率特性。

(1)将图 10-1 电路先开环,选择 u_i 适当幅度(频率为 1kHz)使输出信号在示波器上有满幅正弦波显示。

(2)保持输入信号幅度不变逐步增加频率,直到波形减小为原来的 70%,此时信号频率即为放大器 f_H。

(3)条件同上,但逐渐减小频率,测得 f_L。

(4)将电路闭环,重复(1)～(3)步骤,并将结果填入实验报告书表10－3中。

注:放大电路引入负反馈会展宽通频带,因此闭环放大电路的上限截止频率和下限截止频率相对不好测量。

五、实验报告

1. 将实验值与理论值比较,分析误差原因。
2. 根据实验内容总结负反馈对放大电路的影响。

实验十一 差动放大电路

一、实验目的

1. 熟悉差动放大器工作原理。
2. 掌握差动放大器的基本测试方法。

二、实验器材

1. 示波器 1 台。
2. 数字万用表 1 台。
3. 信号发生器 1 台。

三、预习要求

1. 计算图 11-1 的静态工作点(设 r_{bc}=3K,β=100)及电压放大倍数。
2. 在图 11-1 基础上画出单端输入和共模输入电路。

四、实验原理

在生物医学检测仪器中,需要放大的信号往往是一些变化较为缓慢的电信号。这时,当然可以采用直接耦合的直流放大器进行放大。但是,这种放大器在级数较多、放大倍数较大时就会出现严重的零点漂移问题。为了有效抑制零点漂移,通常可以采用差分放大器。

最基本的差分放大器,实际上是由两个对称的单管放大器组成,在电路中两个三极管特性一致,对称的元件分别相同。信号电压(差模信号)由两个基极输入,放大后的输出电压由两管的集电极输出。差分放大器对差模输入信号有放大作用。其差模电压放大倍数为

$$A_d = \frac{\Delta U_O}{\Delta U_i}$$

差分放大器是怎样抑制零点漂移的呢?当某种原因例如温度升高,它会使两个三极管的集电极电流同时增大,这时候就相当于在两输入端同时加上一个大小相等、极性相同的共模信号。在共模信号的作用下,两个晶体管发生同样的变化,两输出电压数值相等、极性相同,放大器的输出电压为零。可见基本的差分放大器对共模信号没有放大作用,它依靠电路的对称性,

抑制了零点漂移。

　　但实际上,完全对称是很难办到的,因此差分放大器对于共模信号或多或少会有放大作用。通常我们用放大器对差模信号的电压放大倍数 A_d 和对共模信号的电压放大倍数 A_C 的比作为衡量差分放大器性能优劣的指标之一,这一比值称为共模抑制比 K_{CMR},即

$$K_{CMR} = \frac{A_d}{A_C}$$

　　由于差分放大器不可能完全对称,而且它抑制零点漂移是靠两管的漂移电压互相抵消的,并不能抑制每个管子的漂移,故零点漂移电压仍然可能较大,还必须进一步改善。常用的典型差分放大器有接有发射极电阻的差分放大器和具有恒流源的差分放大器。

　　图 11-1 是接有发射极电阻的差分放大器,它是在基本差分放大器的基础上,增加了公共发射极电阻 R_e、电源 E_e 和电位器 R_W。

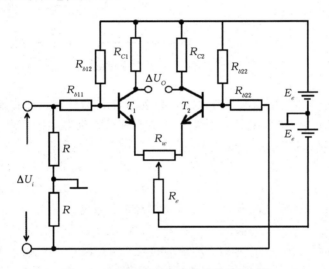

图 11-1　接有发射极电阻的差分放大器

　　接入调零电位器 R_w,是为了在 $T1$ 和 $T2$ 的特性参数不一致时,可以调整它使两管集电极电流相等,以保证放大器初级输出电压为零。

　　当温度发生变化,例如温度升高时,$T1$ 和 $T2$ 的集电极电流 I_{C1} 和 I_{C2} 都要增加,它们的发射极电流 I_{E1} 和 I_{E2} 也要相应增加。于是流过公共发射极电阻 Re 的电流 $I_E(=I_{C1}+I_{C2})$ 也增大,使 Re 两端的电压降 $I_E Re$ 随着加大,从而引起两个晶体管的发射极电位升高,发射极电压 V_{BE} 减小,导致两个管子的偏流 I_{B1} 和 I_{B2} 减小,起到抑制集电极电流增加的作用。

　　可见,R_e 起了稳定电流 I_C 的作用,R_e 越大,稳流效果越好,克服零点漂移的作用也越显著。但是 R_e 越大,所需要的电源电压就越高,或者电源电压不变,管子的工作电流就要降低,工作点随之降低,使管子不能正常工作。最后应指出的是,R_e 不会对差模信号的电压放大倍数有影响。

　　为了能用较低的电源电压,又能得到和用较大的 R_e 相同的效果,通常用晶体管代替 R_e,电路如图 11-2 所示。这种电路称为具有恒流源的差分放大器。

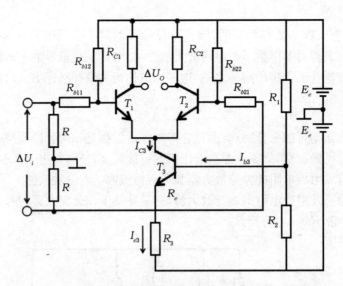

图 11-2　具有恒流源的差分放大器

图中晶体管 T_3 和 R_1、R_2、R_3 组成恒流源电路,从晶体管输出特性曲线可知,在 V_{CE} 大于一定值(约2~3伏)时,集电极电流 I_C 基本上取决于基极电流 I_B,而与 V_{CE} 的大小基本无关。因此,在 I_B 一定的情形下,流过三极管的电流 I_C 也是恒定的,所以称为恒流源。从晶体管输出特性曲线还可知,这时晶体管的交流输出电阻 $R=\Delta U_{CE}/\Delta I_C$ 很大,一般可达几十至几百千欧,但在工作点上所呈现的直流电阻 $R=U_C/I_C$ 却较小,一般仅几百至几千欧,因此,用这种电路代替 Re,既可获得很高的交流电阻,又不要求提高电源电压。

这种电路是怎样抑制零点漂移的呢? 由于 R_1、R_2 起分压作用,使 T_3 的基极电位 V_{B3} 被固定。当温度升高使 I_{C3} 和 I_{E3} 增加时,R_3 两端的电压也要增大,但是由于 V_{B3} 已被固定,V_{BE3} 就要减小,I_{B3} 也跟着减小,因此起了抑制 I_{C3} 增大的作用。I_{C3} 保持不变,I_{C1} 和 I_{C2} 也就不变,这样 T_1 和 T_2 的输出电压也不会变化了。从而抑制了零点漂移。

五、实验内容及步骤

实验电路如图 11-3 所示。

1. 测量静态工作点:

(1)调零。将输入端 u_{i1}、u_{i2} 短路并接地,接通直流电源,调节电位器 R_{P2} 使双端输出电压 $u_o=0$。

(2)测量静态工作点:测量 V_1、V_2 各极对地电压填入实验报告书表 11-1 中。

2. 差模电压放大倍数 A_{ud} 的测量:

在 A、B 端加入差模信号 $u_i=100\text{mV}$、$f=1\text{KHz}$;测量输出电压 u_{od},计算其放大倍数,并记入实验报告书表 11-2 中。

3. 共模电压放大倍数 A_{uc} 的测量:

将 A、B 端连接在一起,在公共端接入共模信号 $u_i=100\text{mV}$、$f=1\text{KHz}$;测量输出电压 u_{oc} 并计算其放大倍数,并记入实验报告书表 11-3 中。

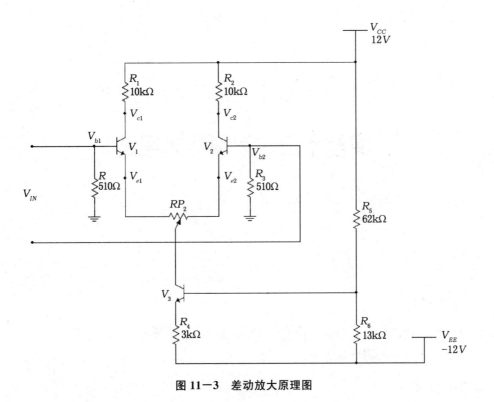

图 11－3　差动放大原理图

4. 接有恒流管的差分放大电路的测试：

使用导线将 V_3 管的集电极与发射极连接在一起，即用 3K 电阻代替恒流源，组成差分放大电路，重复以上实验步骤，并把实验数据分布记入实验报告书表 11－2 和 11－3 中。

5. 计算两种实验电路的共模抑制比 K_{CMR}。

实验十二　运算放大电路

一、实验目的

1. 掌握用集成运算放大器组成比例、求和电路的特点及性能。
2. 学会上述电路的测试和分析方法。

二、实验器材

1. 示波器1台。
2. 信号发生器1台。

三、实验原理

1. 集成运算放大器的性能：

运算放大器是一种能够完成反相、加法、减法、乘法、积分、微分等各种功能的放大器，并得到了广泛的应用。集成运算放大器实质上是一个高增益的直接耦合放大器。

一般的集成运算放大器由输入级（高输入阻抗）、中间放大级（高电压增益）、输出级（互补对称功率放大器）和偏置电路四部分组成。其输入级由双端输入单端输出的差分放大器组成，但具体电路比较复杂，集成运算放大器的结构如图 12－1 所示。

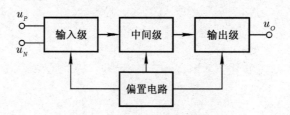

图 12－1　集成运算放大器结构图

现在常用的集成运放器件，通常是在一个集成芯片上同时制作两个或四个集成运算放大电路。如型号为 LM358、TL062 等是双运放集成电路；型号为 LM324、TL064 等是四运放集成电路。这些集成运放对外可引出正、负电源端，同相与反相输入端和输出端。有些运放芯片还引出调零电位器或相位补偿电容等管脚。

集成运放在交、直流放大,电平转换,阻抗变换以及模拟运算电路中有十分广泛的应用,在振荡和其他非线性电路中也经常用到。

2. 集成运放的基本放大电路:

运放在线性应用上能组成实现反相和同相比例运算、加、减、乘、除、对数、指数、微分、积分等运算的多种电路。

(1)反相负反馈放大器:

反相负反馈放大器又称为反相比例电路,输入信号加在反相输入端,图12-2是典型的反相比例电路,输入信号 u_i 在引入反相端时经过输入端电阻 R,输出端经反馈电阻 R_f 接到反相输入端,同相输入端接地或通过平衡电阻 R' 接地。并使 $R'=R//R_f$,其作用是在输入信号为零时,用来平衡运放静态偏置电流在两个输入端所产生的电压。

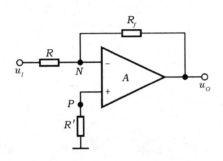

图 12-2　反向负反馈电路

根据理想运放工作在线性区条件的两个重要法则,可得到反相比例电路的电压放大倍数为

$$Au = \frac{U_O}{U_i} = -\frac{R_f}{R}$$

可以看出,反相比例电路是按 $-R_f/R$ 的比例关系进行放大的,放大倍数完全由运放外围的电阻来确定,所以有很高的精确度,负号表明输出电压与输入信号电压反相。

(2)加法器:

加法器电路如图12-3所示。需要相加的输入电压信号 u_{i1}、u_{i2}、u_{i3}分别经过输入端电阻R_1、R_2、R_3并联加在反相输入端。

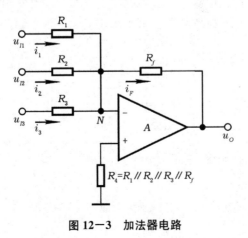

图 12-3　加法器电路

根据理想运放工作在线性区条件的两个重要法则,可得到加法器电路的输出电压与输入电压的关系式为

$$u_0 = -R_f\left(\frac{u_{i1}}{R_1} + \frac{u_{i2}}{R_2} + \frac{u_{i3}}{R_3}\right)$$

这就是集成运放的加法运算式。只须改变 R_f/R,就能实现任意加权值(即各量的比例系数)的加法运算。

若选 $R_1 = R_2 = R_3 = R$,那么就得到了普通的加法运算。

$$u_0 = -\frac{R_f}{R}(u_{i1} + u_{i2} + u_{i3})$$

本实验所用的集成运算放大器为通用型的 LM358 型,它是 8 脚双列直插式封装的集成运放,是双运放集成电路,每个集成芯片上同时制作两个集成运算放大器。

四、实验内容及步骤

1. 电压跟随器:

实验电路如图 12—4 所示。在电路板使用导线连接电路。检查电路连接无误后,接通直流电源。按实验报告书表 12—1 内容实验,输入电压为直流电压值分别为 2~8 伏,并测量记录。

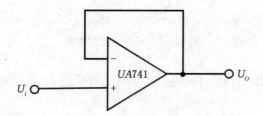

图 12—4 电压跟随器($u_o = u_i$)

2. 反相比例放大器:

实验电路如图 12—5 所示,在电路板使用导线连接电路。检查电路连接无误后,接通直流电源。在反向输入端分别加入频率 $f = 1\text{KHz}$,有效值 U_i 分别为 10mV、20mV、40mV、80mV 的正弦信号(用毫伏表测量)。用双踪示波器同时观察输入端与输出端的波形。再用毫伏表分别测量输出端的输出电压 U_O,按实验测量并记录在实验报告书表 12—2。

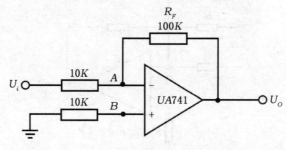

图 12—5 反相比例放大器($u_o = -\frac{R_F}{R_1}u_i$)

3. 同相比例放大器：

电路如图12－6所示，在电路板使用导线连接电路。检查电路连接无误后，接通直流电源。在同向输入端分别加入频率 $f=1KHz$，有效值 U_i 分别为 10mV、20mV、40mV、80mV 的正弦信号（用毫伏表测量）。用双踪示波器同时观察输入端与输出端的波形。再用毫伏表分别测量输出端的输出电压 U_O，按实验测量并记录在实验报告书表 12－3。

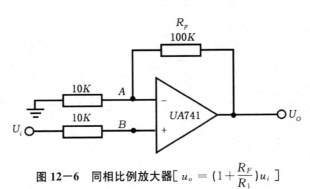

图 12－6　同相比例放大器 $\left[u_o = (1+\dfrac{R_F}{R_1})u_i \right]$

第二部分
实验报告书

实验一　电路元件伏安特性的测量及基尔霍夫定理的验证

一、实验目的

二、实验电路

三、实验记录与数据处理

1. 测定线性电阻器的伏安特性：

表 1－1   线性电阻电流测量

电压 U(V)	－6	－4	－2	0	2	4	6
电流 I(mA)							

绘制伏安特性曲线图：

2. 测定非线性白炽灯泡的伏安特性：

表 1－2   白炽灯的电流测量

电压 U(V)	－6	－4	－2	0	2	4	6
电流 I(mA)							

绘制伏安特性曲线图：

3. 基尔霍夫定理的验证：

表 1-3 各个电源的电动势、各支路电流和电压

被测量	I_1	I_2	I_3	E_1	E_2	U_{FA}	U_{AB}	U_{AD}	U_{CD}	U_{DE}
测量值										
计算值										

4. 以上实验计算数据若与基尔霍夫定律比较的结果有误差，请分析原因（包括：元器件和仪表的允许误差）。

实验二　叠加原理的验证

一、实验目的

二、实验电路

三、实验记录与数据处理

1. 叠加原理——线性电路：

表 2—1 线性电路各个电流电压的测量

测量项目	E_1	E_2	I_1	I_2	I_3	U_{AB}	U_{CD}	U_{AD}	U_{DE}	U_{FA}
E_1单独作用										
E_2单独作用										
E_1E_2共同作用										

2. 叠加原理——非线性电路：

表 2—2 非线性电路各个电流电压的测量

测量项目	E_1	E_2	I_1	I_2	I_3	U_{AB}	U_{CD}	U_{AD}	U_{DE}	U_{FA}
E_1单独作用										
E_2单独作用										
E_1E_2共同作用										

3. 根据实验数据分析叠加原理的正确性,如果数据误差较大,分析原因。

实验三　戴维南定理

一、实验目的

二、实验电路

三、实验记录与数据处理

1. 用开路电压、短路电流法测定戴维南等效电路的 U_{OC} 和 R_0：

表 3—1　　　　　　　　　　　　　　开路电压和短路电流测量

$U_{OC}(V)$	$I_{SC}(mA)$	$R_0 = U_{OC}/I_{SC}(\Omega)$

2. 负载实验：

按照实验指导书图 3—4(a)改变 R_L 阻值，测量有源二端网络的外特性。

表 3—2　　　　　　　　　　　　　　外特性数据的测量

$R_L(\Omega)$	30	200	300	510	1K
$U(V)$					
$I(mA)$					

3. 验证戴维南定理：

用一只 470Ω 的电位器(当可变电阻器用)，将其阻值调整到等于按步骤"1"所得的等效电阻 R_0 之值，然后令其与直流稳压电源(调到步骤"1"时所测得的开路电压 U_{OC} 之值)相串联，按照实验指导书图 3—4(b)所示，仿照步骤"2"测其外特性，对戴维南定理进行验证。

表 3—3　　　　　　　　　　　　戴维南等效后的外特性测量

$R_L(\Omega)$	30	200	300	510	1K
$U(V)$					
$I(mA)$					

4. 对比实验数据，验证戴维南定理的正确性。并说明出现误差的原因(应考虑元器件、仪表的误差和人为的测量误差)。

5. 总结用实验方法求有源二端网络等效电源的过程。

实验四　三相交流电路电压、电流的测量

一、实验目的

二、实验电路

三、实验记录与数据处理

1. 三相负载星形连接(三相四线制供电):

表 4—1 　　　　　　　　　　　　负载作星形连接时的电压、电流

测量数据实验内容负载情况	线电流(A)			线电压(V)			相电压(V)			中线电流 $I_P(A)$	中点电压 $U_{NP}(V)$
	I_U	I_V	I_W	U_{UV}	U_{VW}	U_{WU}	U_{UN}	U_{VN}	U_{WN}		
Y 接平衡负载 (S_1 闭合)											
Y 接不平衡负载 (S_1 断开)											

2. 负载三角形连接(三相三线制供电):

表 4—2 　　　　　　　　　　　　负载作三角形连接时的电压、电流

测量数据负载情况	线电压=相电压/V			线电流/A			相电流/A		
	U_{UV}	U_{VW}	U_{WU}	I_U	I_V	I_W	I_{UV}	I_{VW}	I_{WU}
三相平衡 (S_1 闭合,S_2 断开)									
三相不平衡 (S_1 断开,S_2 闭合)									

3. 用实验数据验证对称三相电路中,负载作星形连接时的线电压和相电压、负载作三角形连接时的线电流和相电流的数量关系。

4. 三相负载不对称时,三相四线制接法中的中线若断开会有什么结果?

5. 分析实验误差产生的原因(应考虑元器件、仪表的误差和人为的测量误差)。

实验五　日光灯电路及功率因数的改善

一、实验目的

二、实验电路

三、实验记录与数据处理

1. 测出 K_8、K_9 在不同的组合状态下 P_1 读数 I，P_2 读数 I_C，P_3 读数 I_L 及相位表的读数 $\cos\varphi$。

表 5—1 P_1 读数 I、P_2 读数 I_C、P_3 读数 I_L 及相位表读数 $\cos\varphi$

电流值 状态	I(mA)	I_L(mA)	I_C(mA)	$\cos\varphi$
K_8、K_9 均断开				
K_8 通、K_9 断				
K_8 断、K_9 通				
K_8、K_9 均接通				

2. 如果 K_8、K_9 的不同组合无法很好地改善功率因数,可以利用 G103 台面上的 $K_1 \sim K_9$ 这 9 个电容,自由进行串并联组合,搭配出合理的电容值,尽量地改善日光灯功率因数,并将组合的电容情况记录在表 5—2 中。

表 5—2   自行组合形成的电容

电容的组合形式	等效的电容大小

3. 根据表中的实验数据,总结交流电的并联电路中,总电流与各分电流的关系。

4. 作矢量图。

5. 实验中并联电容器后对功率因数有何影响？电容器的容量越大,是否功率因数提高越多?

实验六　三相异步电动机及其控制电路

一、实验目的

二、实验电路

三、实验记录与数据处理

1. 记录电动机的铭牌参数

表 6-1   电动机的铭牌参数

型号		功率		频率	
电压		电流		接法	
转速		绝缘等级		工作方式	

2. 测量各绕组间及绕组与机壳间的绝缘电阻

表 6-2   各绕组间及绕组与机壳间的绝缘电阻

U 相与机壳间 绝缘电阻(MΩ)	V 相与机壳间 绝缘电阻(MΩ)	W 相与机壳间 绝缘电阻(MΩ)	两相之间绝缘 电阻(MΩ)

3. 用钳形电流表分别测量三根相线的电流

表 6-3   三根相线的电流

I_U(mA)	I_V(mA)	I_W(mA)

实验七　模拟电路常用仪器的使用

一、实验目的

二、实验电路

三、实验记录与数据处理

1. 校准示波器。要求荧光屏上出现 2 个周期或 5 个周期而幅度为 5 格的校准电压的波形。实验结果记入表 7－1。

表 7－1 校准电压(0.5V1000Hz)波形及有关旋钮的位置

周期数	2 周期	5 周期
VOLTS/DIV 档位		
SEC/DIV 档位		
波形		

2. 用示波器和毫安表测量信号电压幅值。要求荧光屏上出现 2 个完整的周期而峰一峰值大约为 6 格的信号电压的波形。实验结果记入表 7－2。

表 7－2 信号电压幅值及有关旋钮的位置

信号电压	2V 1kHz	200mV 2kHz
SEC/DIV 档位		
VOLTS/DIV 档位		
垂直方向格数		
峰一峰电压值 $Vp-p$		
电压有效值 V		

计算公式：

$Vp-p＝$垂直方向的格数×垂直偏转因数×探极的衰减因数

有效值　$V=\dfrac{Vp-p}{2\sqrt{2}}$

实验八　单级放大电路

一、实验目的

二、实验电路

三、实验记录与数据处理

1. 静态调整：

调整 R_p，使 $V_E = 2.2V$ 左右，测量 U_{BE}、U_{CB} 等静态数值填入表 8-1。

表 8-1   静态数据测量

$U_{BE}(V)$	$U_{CE}(V)$	$I_B(\mu A)$	$I_C(mA)$	$I_E(mA)$	β

2. 动态研究：

(1)不接负载，即 $R_L = \infty$。

表 8-2   空载时放大倍数的测量

测量数据输入量情况	$u_i(mV)$	$u_o(V)$	A_u
初始值	3mV		
达到最大不失真前数值			

(2)接入负载。

表 8-3   负载对于放大倍数的影响

测量数据输入量情况	$u_i(mV)$	$u_o(V)$	A_u
5.1K			
2K			

(3)输出波形观察

对比观察静态点取值不同的情况下对于输出波形的影响。增大和减小 R_p 使得 V_E 分别取 2.4V 和 0.5V 两种情况。设置输入信号 $u_i = 20mV$，在示波器上观察两种情况下的输出波形图形。并在表 8-4 中画出结果。需要注意的是调节静态点数值时，输入信号处于短路状态。

表 8—4　　　　　　　　　　　　　　　　R_P 对于输出波形的影响

V_E	输出波形情况
2.4V	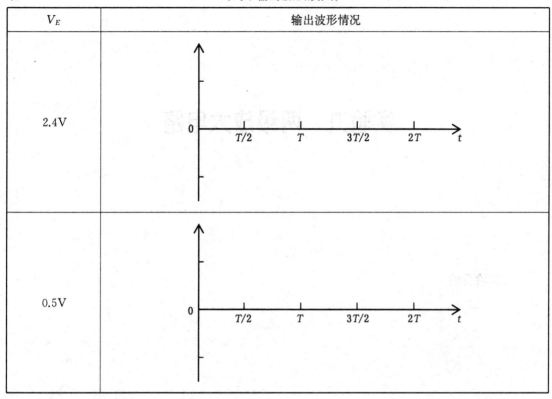
0.5V	

实验九　两级放大电路

一、实验目的

二、实验电路

三、实验记录与数据处理

1. 静态调整：

在放大器的第一级输入端加入 $U_i = 10\mathrm{mV}$，$f = 1\mathrm{KHz}$ 的正弦信号。调节 R_{P1}，当输出波形的正峰或负峰刚要出现削波失真时（可以根据情况增加输入信号的幅值），切断输入信号，测量静态时 V_{C1}、V_{E1}、V_{B1} 的值；第二级也采用相同的调节方式，测量 V_{C2}、V_{E2}、V_{B2} 的值。

表 9—1　　　　　　　　　　　两级静态电位的测量

第一级			第二级		
V_{C1}	V_{B1}	V_{E1}	V_{C2}	V_{B2}	V_{E2}

2. 放大倍数的测量与求解：

表 9—2　　　　　　　　　　　　放大倍数的测量

	输出电压(V)			放大倍数计算		
	U_{O1}	U_{O2}	U_O	A_{u1}	A_{u2}	A_u
空载						
负载 $R_L = 3\mathrm{K}$						

3. 测两级放大器的频率特性：

表 9—3　　　　　　　　　　两级放大器频率测量

$f(\mathrm{Hz})$		50	100	250	500	1k	2.5k	5k	10k	20k
U_O	$R_L = \infty$									
	$R_L = 3\mathrm{k}$									

4.画出实验电路的频率特性简图，标出 f_H 和 f_L。

实验十　负反馈放大电路

一、实验目的

二、实验电路

三、实验记录与数据处理

1. 负反馈放大器开环和闭环放大倍数的测试：

表 10－1 　　　　　　　开环与闭环放大倍数的对比

	R_L(kΩ)	U_O(mV)	A_U(Auf)
开环	∞		
	1.5k		
闭环	∞		
	1.5k		

2. 负反馈对失真的改善作用：

表 10－2 　　　　　　　反馈对失真的改善作用

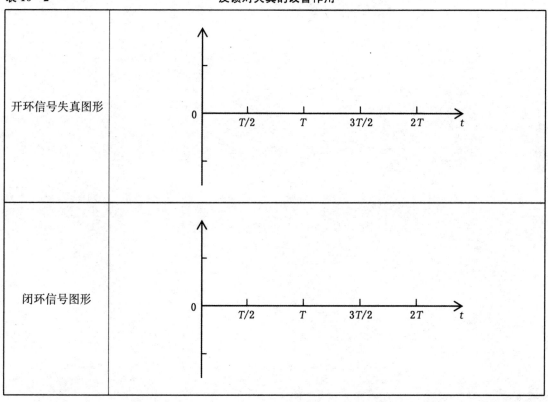

表格内含：开环信号失真图形、闭环信号图形，两个坐标图横轴标注 0、T/2、T、3T/2、2T、t

3. 测放大器频率特性：

表 10—3 上限与下限截止频率的测量

	f_H(Hz)	f_L(Hz)
开环		
* 闭环		

电子电工实验指导

实验十一　差动放大电路

一、实验目的

二、实验电路

三、实验记录与数据处理

1. 测量静态工作点：

将输入端 u_{i1}、u_{i2} 短路并接地，接通直流电源，调节电位器 R_{P1} 使双端输出电压 $u_o=0$。测量 V_1 和 V_2 管的各个电位值。

表 11－1   静态电位测量

差分管	V_C	V_B	V_E
V_1			
V_2			

2. 差模电压放大倍数 A_{ud} 的测量：

在 A、B 端加入差模信号 $u_i=100\text{mV}$、$f=1\text{KHz}$；测量输出电压 u_{od}，计算其放大倍数，并记入表 11－2 中。

表 11－2   差模放大倍数的测量

电路类型	U_{od}	A_{ud}
接通 3K 电阻		
接恒流管		

3. 共模电压放大倍数 Auc 的测量：

将 A、B 端连接在一起，在公共端接入共模信号 $u_i=100\text{mV}$、$f=1\text{KHz}$；测量输出电压 u_{oc} 并计算其放大倍数，并记入表 11－3 中。

表 11－3   共模放大倍数的测量

电路类型	U_{oc}	A_{uc}
接通 3K 电阻		
接恒流管		

电子电工实验指导

4. 计算两种实验电路的共模抑制比 K_{CMR}。

表 11－4　　　　　　　　　　两种实验电路的共模抑制比 K_{CMR}

电路类型	A_{ud}	A_{uc}	$K_{CMR} = A_{ud} / A_{uc}$
接通 3K 电阻			
接恒流管			

实验十二　运算放大电路

一、实验目的

二、实验电路

三、实验记录与数据处理

1. 电压跟随器：

按照实验指导书图12—4所示在电路板使用导线连接电路。检查电路连接无误后，接通直流电源。按表12—1内容实验，输入电压为直流电伏值分别为2~8伏，并测量记录。

表12—1　　　　　　　　　　　电压跟随器输出电压测量

U_i(V)	2	4	6	8
U_O(V)				

2. 反相比例放大器：

按照实验指导书图12—5所示在电路板使用导线连接电路。检查电路连接无误后，接通直流电源。在反向输入端分别加入频率 $f=1\text{KHz}$，有效值 U_i 分别为 10mV、20mV、40mV、80mV 的正弦信号（用毫伏表测量）。用双踪示波器同时观察输入端与输出端的波形。再用毫伏表分别测量输出端的输出电压 U_O，按实验测量并记录在表12—2中。

表12—2　　　　　　　　　反向比例放大器输出电压测量与计算

交流输入电压 U_i(mV)		10	20	40	80
输出电压 U_O	理论估算(mV)				
	实测值(mV)				

3. 同相比例放大器：

采用上述相同的实验步骤，测量与计算同相比例放大器的输出电压。

表12—3　　　　　　　　　同相比例放大器输出电压测量与计算

交流输入电压 U_i(mV)		10	20	40	80
输出电压 U_O	理论估算(mV)				
	实测值(mV)				